AF458904

DE
L'ACTION NERVEUSE

(2e ÉTUDE)

PAR

LE Dr RAMES,

ANCIEN INTERNE DES HÔPITAUX DE PARIS,
MEMBRE CORRESPONDANT DE LA SOCIÉTÉ MÉDICALE DES HÔPITAUX DE PARIS,
MÉDECIN EN CHEF DE L'HOSPICE D'AURILLAC.

PARIS
G. MASSON, LIBRAIRE DE L'ACADÉMIE DE MÉDECINE
120, Boulevard Saint-Germain, en face de l'École de Médecine

1879

AURILLAC, IMPRIMERIE H. GENTET.

DE L'ACTION NERVEUSE.

(2e ÉTUDE)

« Les hypothèses sont les poteaux indicateurs qui nous guident sur la route des recherches. » CROOKES.

« Noyau d'origine ou terminaison de ces nerfs. » VULPIAN, *Arch. physiol.*, 1868, p. 443.

D'après une interprétation que nous croyons vraie et que nous cherchons à faire prévaloir, le système nerveux, au lieu de donner l'animation aux autres éléments anatomiques, recevrait d'eux ses moyens d'activité, aurait un rôle plutôt passif. Réagissant par sa portion périphérique sous l'influence de toute impression, appareil enregistreur par ses centres, il devrait à ceux-ci le pouvoir d'inscrire, une vie durant, les différents motifs qui constituent le thème d'une existence et d'avoir en puissance les principaux d'entre eux. A ce labeur, à ce sujet de dépense il utiliserait l'avoir qui lui vient des apports plastiques.

Déjà, dans un autre travail (1), nous avons réuni tout un contingent de preuves en faveur de cette manière de

(1) *Aperçu sur le fonctionnement du Système nerveux*, brochure gr. in-8° de 108 pages. Paris, 1878, G. Masson, 120, boulevard Saint-Germain.

voir. Dans celui-ci nous allons condenser, coordonner les principales, de façon à leur faire acquérir plus de force.

Des paragraphes successifs seront consacrés :

1° A bien préciser les faits principes sur lesquels repose notre travail ;

2° A montrer que les nerfs ont leur origine à la périphérie ;

3° A relever quelques appréciations, suivant nous défectueuses, qui vont à l'encontre de notre dire ;

4° A établir des vues générales qui le justifient et qui initient aux grandes coupures du système nerveux ;

5° A avoir une idée de la mise en pratique de pareille interprétation au point de vue des données pathologiques.

Nous nous en tiendrons, comme on le pense bien, à des considérations générales, renvoyant pour le détail à notre première publication.

§ Ier.

Faits principes.

Décomposer pour recomposer, tel peut être dit le faire de la nature animée, alors qu'elle s'occupe à un travail de perfectionnement. Ces deux modes servant de base à notre interprétation, cherchons à nous en rendre compte.

Le premier a été formulé de la manière suivante par le professeur Milne-Edwards :

« *Le progrès dans l'organisation n'est que la division du travail physiologique.* »

Veut-on apprécier les effets de cette loi, que l'on vise un but biologique et l'on verra les spécialités qui y sont afférentes s'en dégager suivant les besoins. Ainsi, le suc intestinal contient tous les éléments nécessaires à une bonne digestion ; mais son appoint devenu insuffisant, des glandes apparaissent pour détailler ce qui d'abord était amalgamé, pour sécréter les principes contenus dans les sucs biliaires, pancréatiques, gastriques, etc.

L'oxygénation est une condition de vitalité pour les tissus. L'intensité de son action devant s'accroître en raison du mouvement de la vie, des appareils spéciaux, le poumon par exemple, s'ajoutent, à l'effet de pourvoir aux nouvelles exigences.

Sur une autre pente on peut citer l'urée qui, sous forme de sécrétion rudimentaire à la peau tout d'abord, en arrive à avoir ses laboratoires.

Aborde-t-on le terrain de la vie de relation, on y trouve l'influence de la même loi.

La sensibilité, grâce à des aménagements périphériques de plus en plus parfaits, acquiert en finesse, en nuances ; en définitive à la sensibilité générale elle associe des sensations spéciales.

La motilité, elle aussi, considérée dans ses grands moyens, offre un tableau analogue. L'éducation aidant, le travail d'un appareil musculaire se subdivise ; dans les mouvements d'ensemble s'intercalent des contractions partielles et par là s'obtiennent des résultats que l'on n'aurait pu prévoir.

Il est inutile de pousser plus loin cet examen, le sens

de ce que nous voulons dire étant parfaitement saisissable. Nous ajouterons seulement qu'à mesure que la fonction s'élève, le *substratum* subit la même loi. Il en résulte que les organes, que les appareils, que les systèmes organiques se délimitent mieux, se caractérisent au point que l'on a cru pouvoir pour certains leur accorder une existence comme parasitaire. Il n'en est rien cependant; ils sont loin de l'individualité.

Le seul ensemble organisé auquel pareille abstraction de l'esprit puisse être rationnellement appliquée est celui désigné sous le nom d'organisme. Parallèlement, en effet, à cet état progressif de la matière vivante qui fournit aux fonctions, s'établit une seconde échelle graduée, celle des êtres animés. Ceux-ci scindent, circonscrivent, s'approprient une certaine part de ce fonds commun devenu plus complexe, lui créent une existence assez définie pour qu'on puisse dans de certaines limites la considérer comme étant isolée, l'élèvent en un mot à l'état d'individualité, individualité ayant pour caractéristique de grouper un certain ordre de fonctions et de les étager de façon à faire acquérir à l'ensemble un cachet personnel.

Disons-le donc, le programme de la nature ne change pas pour se déplacer. De même que nous avons vu l'idée physiologique décomposer un plasma uniforme pour aller au-devant des besoins de la vie et préparer ainsi la base des appareils qui subviendront à ses exigences, de même nous retrouvons cette même idée créant ces appareils, les étageant, les groupant en un tout, en faisant des organismes vivants, à destination non douteuse quoique encore ignorée, organismes qui, eux aussi, s'élèvent et se disposent suivant une série graduée,

Ainsi insensiblement à la division du travail physiologique se substitue un travail de recomposition qui de la fonction en arrive à l'individualité.

Veut-on avoir la clef de ce second mode et s'initier à son génie, que l'on s'inspire de la remarque suivante due au professeur Cl. Bernard : « La sensibilité et le mouvement, ces deux attributs les plus élevés de l'animalité, sont tellement connexes que l'un sans l'autre ils n'auraient pas de raison d'être. »

Cette pensée prise comme point de départ, recherchons-en l'application. Tout d'abord, au début et dans le détail de la vie, que trouve-t-on ? En bas de l'échelle animée, au bas de l'ordre des fonctions, une cellule concentrant en elle ces deux états, parfois même d'une façon assez accusée pour que le phénomène soit des plus appréciables ; à un degré plus élevé coëxistent une surface sensible et des fibres-cellules contractiles servant de doublure ; plus haut encore ce sont des agglomérations cellulaires ayant dans leur composition intime des cellules aux propriétés primordiales ci-dessus, mais comme ensemble répondant plus spécialement soit au côté sensibilité, soit, au contraire, au côté mouvement. N'importe, quelques instants de réflexion feront bien vite comprendre que l'union de ces éléments peut seule fournir un travail utile. Que l'on y songe, plus un sens spécial est élevé, plus son fonctionnement nécessite une adaptation parfaite, soit dans les mouvements intimes des cellules, soit dans les contractions musculaires d'ensemble. Sans chercher à savoir de quel jeu cellulaire ressort la pensée, on peut dire que l'idée la plus sublime restera sans effet si elle n'a à sa disposition, soit un langage quelconque, soit tout autre réflexe qui puisse la fixer. De quelque forme donc que ces deux attributs, sensibilité et motilité, soient revêtus, quelque distants qu'ils soient, à quelques résultats qu'ils coopèrent, aux divisions physiologiques susdites devront correspondre forcément des moyens de centralisation, et c'est en effet ce qui a lieu.

Pour en juger avec complète connaissance de cause, assistons à l'évolution d'une économie d'ordre supérieur, soumettons à un esprit d'analyse les grandes lignes architecturales qui président à son organisation.

Tout d'abord sous l'influence des deux modes que nous avons dit, on verra : deux éléments plastiques d'ordre différent fusionner pour constituer un germe ; dans ce germe deux membranes de tendance opposée, l'une préposée à l'apport, l'autre à la dépense, se produire, membranes continues par leur circonférence cependant et restant indispensables l'une vis à vis de l'autre (voir pages 15 et 16 de notre précédent travail ; hydre, exp^{e} LAURENT) ; dans leur intervalle, des cellules avoir le même rôle, les cellules conjonctives se formant en encadrement autour des cellules spéciales et leur apportant la vie ; de même, représentant l'un l'élément conservateur, l'autre l'élément révolutionnaire, deux courants sanguins s'élever, traverser ces espaces et finalement se clôturer en un cercle complet, l'aménagement qui régit l'ensemble restant à peu de chose près le même dans le détail de l'œuvre.

On arrive ainsi d'abord à la notion d'un assemblage

de groupes cellulaires différents de nature, ayant entre eux des relations de voisinage, mais seulement centralisés pour un besoin de nutrition. Cette entité plastique, pure conception idéale, quoique digne d'être notée et d'arrêter notre attention, ne saurait prendre rang parmi les individualités.

Nous l'avons déjà fait pressentir, toute production, qu'elle soit de facture humaine ou qu'elle provienne du faire de la nature, n'offre les caractères d'un tout complet qu'à la condition d'un couronnement, d'un motif vers lequel les autres parties convergent. Or, ici rien de pareil. Une base seule est constituée. Reprenons donc notre travail d'analyse et voyons si par lui il nous sera permis d'arriver au procédé employé par la nature pour fournir à cette dernière et capitale indication.

Sur cette zône périphérique dont nous venons d'isoler l'existence apparaissent de nouvelles cellules ; de ces cellules disposées en réseau s'élèvent des filets ; ceux-ci, bientôt à l'état de cordons, vont se boucler dans de nounouveaux centres. Par cet ensemble s'établit anatomiquement un nouveau moyen d'union.

Pareil agencement n'était autre que celui de l'élément nerveux ; cette présomption s'en suit qu'au système nerveux pourrait bien être réservé le rôle d'apporter un nouvel et dernier moyen de centralisation, et qu'en lui viendrait se résumer le mobile de toute existence.

A l'appui de cette manière de voir interviennent tout aussitôt les données suivantes. Arrivés à l'axe médullaire, cordons nerveux de sentiment, cordons nerveux de mouvement combinent leur action, subissent une modification telle que leurs premières propriétés disparaissent, qu'on ne les trouve plus susceptibles des mêmes émotions. (P. 75, loco citato.)

Les parties reliées aux centres nerveux ont beau devenir plus compliquées, les mêmes effets se produisent. Cette conjonction se continuant de bas en haut, les fonctionnements qui en résultent devenant de plus en plus complexes et ne pouvant laisser de doutes sur l'existence d'une échelle de progression, cette conviction s'acquiert que tout le long de la hauteur du myélencéphale s'accuse d'une manière non équivoque l'indice d'une tendance vers une apogée de fonctions, qu'ainsi s'accomplit la condition reconnue fatale pour réaliser le cachet caractéristique de toute individualité.

Ajouter à cela que la suppression d'un des moyens de communication existant entre les centres nerveux et l'une des zônes cellulaires périphériques devient cause d'un augment de l'action moléculaire dans cette dernière, que tout changement survenu dans l'un des anneaux de la chaîne nerveuse peut retentir sur toute la ligne, c'est reconnaître le bien fondé de l'interprétation soutenue, car elle se montre harmonique avec les généralités de la vie, c'est se sentir autorisé à demander à une étude de détail de mieux préciser ces données d'ensemble.

§ II.

L'origine des nerfs est à la périphérie.

Admettre pour l'action nerveuse, et cela dans tous les cordons nerveux quels qu'ils soient, une direction centripète, autrement dit un double courant ascensionnel de la périphérie vers les centres, de la base de l'axe spino-cérébral vers son sommet, c'est lui donner pour porte d'entrée l'extrémité périphérique des nerfs. Un premier travail s'impose donc, celui d'étudier cette extrémité au point de vue de son lieu d'apparition ou de ses rapports, de son mode anatomique, de ses attributs physiologiques et aussi de son rôle vis-à-vis de certaines fonctions. Seulement cette étude est loin d'être terminée. D'un autre côté les nerfs, suivant qu'ils se rattachent au domaine de la vie organique ou à celui de la vie de relation, offrent des variantes, force nous sera donc de glaner de droite et de gauche et de prendre des faits un peu partout. N'importe, disons-le par avance, cet examen nous amènera à la constatation de résultats tout à fait en faveur de l'idée que nous soutenons.

Au sujet des nerfs de la vie organique une question préalable doit être faite. Où se trouve, dans une économie vivante d'ordre supérieur, la représentation du feuillet muqueux? La méthode à laquelle nous nous sommes confié nous a déjà dicté la réponse : dans la substance conjonctive d'abord, dans ce canevas vivant qui englobe tous les appareils organiques et les maintient imprégnés de plasma, puis dans les irrigations qui y fournissent, dans les réseaux lymphatiques et veineux.

Quels rapports affecte l'extrémité périphérique des nerfs organiques vis-à-vis de cette région ?

Quelques modifications que puissent apporter aux notions déjà acquises de nouvelles études histologiques, on peut dire, sans crainte de trop s'avancer, qu'elles seront à peu près conformes aux données actuelles de la science. Or, s'il faut en croire Kolliker, les nerfs, introuvables sur les capillaires lymphatiques et veineux et même sur le canal thoracique, rares sur les grosses veines, se montrent en nombre sur le réseau artériel, sur cette irrigation sanguine qui apporte dans les différents laboratoires de la vie les effets de l'air extérieur et qui y pousse aux échanges. L'origine des nerfs de la vie organique concorde donc avec ce que l'on pourrait appeler la presse de la vie. En avant de leur extrémité périphérique existe partant tout un territoire, le terrain vraiment muqueux, où une atmosphère nerveuse est seule supposable.

La même étude, appliquée aux nerfs de la vie de relation, montre que ceux-ci, probablement en raison de ce fait qu'ils occupent un rang plus élevé dans l'échelle de l'organisation, ont en avant de cette même extrémité périphérique, non-seulement des agglomérations cellulaires se rattachant au domaine muqueux, mais encore des ensembles organiques fournissant à la première innervation que nous venons de dire. Pour s'en convaincre il suffit de penser soit à un organe des sens, soit à un appareil musculaire et l'on constatera que non-seulement une gradation est saisissable dans leur état plastique, mais qu'en haut de la série, dans un œil, par exemple, tout un système de dépendances accessoires s'ajoute, s'interpose, s'approprie de façon à lui permettre d'entrer en fonctions et de fournir un travail utile.

Edifiés sur le mode d'apparition des nerfs, demandons-nous maintenant sous qu'elle forme anatomique ils se montrent tout d'abord.

La citation suivante, empruntée aux derniers travaux scientifiques, servira de réponse, à la condition toutefois qu'on la modifie un peu et qu'on généralise un fait qui est relatif seulement aux nerf moteurs. « *Le nerf, à son origine, présente des caractères embryonnaires.* »

Vient-on à s'occuper des cordons nerveux qui font suite, on les voit dans leurs dispositions anatomiques et topographiques se conformer à la loi hiérarchique déjà constatée et se modifier d'un des départements de la vie à l'autre.

Au début des échanges organiques, ce sont de petits filets nerveux qui, venus un peu de partout, des membranes, des cordons nerveux, des vaisseaux sanguins, vont rejoindre dans un ganglion nerveux, pour de là par des intermédiaires analogues se continuer de ganglions en ganglions jusque dans l'axe spino-cérébral.

A mesure que la vie prend plus d'intensité, au moins en tant qu'élévation de fonctions, aux filets nerveux succèdent des cordons plus complets qui se rendent directement dans les centres encéphaliques. Il en est ainsi pour le pneumo-gastrique qui, ganglionnaire dans sa première partie, devient nerf complet dans la dernière et se montre tout pareil aux nerfs de la vie de relation. Parmi ceux-ci il en est de structure assez complexe pour qu'on y retrouve des vaisseaux et des filets nerveux de la vie organique.

Les dispositions anatomiques ainsi reconnues, avant d'en arriver au côté physiologique, établissons qu'une ligne de transition existe entre la zône périphérique et le point d'origine de l'élément nerveux, qu'une intersection peut s'y produire, intersection non pas idéale, mais bien physiologique et justifiant la séparation que nous avons établie entre une zône cellulaire périphérique et le domaine nerveux.

Déjà l'apparition tardive de celui-ci la faisait soupçonner, les deux résultats suivants ne laissent guère de prise au doute.

Le premier est dû au professeur Vulpian. Par des expériences très ingénieuses sur le curare, il a démontré qu'entre le muscle et le nerf un obstacle pouvait s'interposer, muscles et nerfs conservant leurs aptitudes, mais ne pouvant entrer en communication; l'autre, fourni par la clinique, est que la rétine, dans les parties qui forment l'appareil de perception, se montre indépendante, au moins au point de vue trophique, du nerf optique, celui-ci pouvant être atrophié et la partie externe se conserver intacte même vingt ans après.

Cette mitoyenneté constatée, laissons la vie apparaître et voyons si l'extrémité périphérique des nerfs devient le théâtre de manifestations biologiques autorisant à lui attribuer une fonction spéciale et à la faire considérer comme étant la porte d'entrée par où se transmet ce que l'on désigne sous le nom d'influx nerveux.

Les faits suivants, ce nous semble, autorisent à le penser.

Toute commotion éprouvée par le nerf retentit surtout à ce point périphérique.

L'excitation de cette même partie, soit par l'électricité, soit par l'effet de certains poisons, est plus tôt transmise aux centres nerveux que si elle s'est exercée sur la continuité du cordon nerveux.

Son ablation a pour effet de produire, au bout d'un temps qui varie suivant l'âge des sujets, une atrophie de l'axe médullaire au point de raccord à la moelle des nerfs ainsi mutilés, probablement aussi une atrophie analogue dans un point de correspondance existant dans les circonvolutions cérébrales.

Ces résultats sont tous en accord avec la donnée d'une attribution exceptionnelle dévolue à l'extrémité périphérique des nerfs. Le dernier apporte en plus, non-seulement la notion de l'existence d'une solidarité entre le point d'origine d'un nerf et celui qui le relie aux centres, mais celle encore de la subordination de ce dernier au premier, car du fait de l'atrophie ce corrolaire découle qu'à la périphérie sont les sources de l'activité nerveuse et que c'est par l'intermédiaire des cordons nerveux que les centres reçoivent leurs moyens d'action.

Ajoutons le fait anatomique suivant en guise de démonstration par l'absurde : « Chez la grenouille le lingual est fourni par le pneumo-gastrique. » Dans l'hypothèse d'une origine centrale on arrive à cette conclusion qu'un nerf respiratoire donne naissance à un nerf de sensibilité générale. (P. 42 et 43, loc. cit.)

Ces généralités dites, admettons comme acceptée l'interprétation que nous soutenons et examinons à cette heure si les conséquences qui en découlent rationnellement sont en accord avec les phénomènes que les recherches scientifiques ont élevés à l'état de faits acquis.

Entrant sur le terrain des spécialités, interrogeons dans ce sens le système du grand sympathique et celui du pneumo-gastrique, le premier apparaissant lorsque débute la fonction d'oxygénation, le second l'accompagnant jusques à son apogée.

Ce point de départ pris, le thème à vérifier peut être dit ainsi :

Les appareils primordiaux de la vie organique ouvrent la scène ; les nerfs, purs moyens de transmission, s'émotionnent à leur contact ; par les nerfs les impressions se communiquent aux centres ; ceux-ci, ainsi avertis, interviennent à leur tour, de façon à mettre l'action générale en harmonie avec la sensation venue de la périphérie.

Pour mieux réussir cet examen, procédons proposition par proposition, mettant en regard les faits qui les justifient.

« Les appareils primordiaux ouvrent la scène, l'action nerveuse ne vient qu'après... »

Donc, on aura beau supprimer les nerfs, le jeu des premiers appareils ne s'en continuera pas moins.

En effet, la section des filets du sympathique ne suspend pas la vie organique ; elle en trouble le jeu régulier. Les phénomènes de calorification prennent plus d'intensité, comme si une transformation de force empêchée ramenait aux premières manifestations de la nature animée.

La section du pneumo-gastrique est suivie de conséquences analogues. Le fonctionnement des organes auxquels il est censé présider se continue ; seulement un trouble pareil à celui que nous venons de dire se produit dans le mouvement cellulaire.

Reprenons : « Les nerfs sont des moyens de transmission ; les centres nerveux avertis par eux harmonisent l'action générale d'après l'impression venue de la périphérie. » Constatons encore qu'il en est bien ainsi.

L'excitation des filets du sympathique ramène le jeu d'ensemble du travail organique, seulement en l'exagérant. Il en est de même si on agit sur l'extrémité du bout périphérique sectionné.

L'excitation du cordon du pneumo-gatrique donne lieu à une dilatation des cellules pulmonaires et des cavités cardiaques, disposition matérielle tout à fait favorable à l'action de l'air extérieur sur le sang, manifestation plastique, indice d'un besoin d'oxygénation dû évidemment ici à une dépense factice, mais l'analogue probablement de celle qui pourrait avoir été occasionnée par l'action des centres nerveux. Et ce qui prouve combien un organe périphérique et son équivalent dans les centres sont harmoniques, c'est que, si on se borne à couper l'un des pneumo-gastriques, un résultat tout à fait inverse s'établit. L'être ainsi mutilé passe du rang d'un animal à sang chaud à celui d'un animal à sang froid, ainsi que l'a démontré Claude Bernard. (P. 63, loc. cit.)

2

Sur le terrain de la vie organique, expériences et propositions étant en accord, abordons maintenant l'appareil nerveux de la vie de relation et examinons si un contrôle analogue lui est applicable.

Pour les nerfs de la sensibilité générale et des sensations spéciales le fait ne saurait être douteux. Leur action va de la périphérie aux centres et l'importance de l'organe point de départ est reconnue de tous. Restent les nerfs moteurs. Disons-le par avance, tout indique que pour eux il en est de même. Sans vouloir entrer dans une question que nous aurons bientôt occasion de retrouver, nous nous bornerons pour le moment à l'énoncé de ce fait, que la section d'un nerf moteur n'influe en rien sur la contractilité de son muscle, la texture de celui-ci étant conservée, qu'au contraire son pouvoir contractile en est augmenté.

Arrêtant ici ce paragraphe, en retirant les déductions qui en découlent au point de vue de l'appareil nerveux, nous dirons :

Paru sur les points où s'effectuent les échanges organiques, le grand sympathique régularise cette action probablement par une part qu'il prélève, qu'il transforme et qu'il envoie dans les centres nerveux comme un apport nécessaire à l'accomplissement de leur jeu.

Le pneumo-gastrique se comporte de même. Il fournit, lui, à une indication complémentaire de la première, en apportant aux mêmes centres nerveux, d'une manière plus spéciale, l'état de l'oxygénation. Ainsi par ces deux nerfs les centres sont avertis soit de l'état régulier des échanges organiques, soit des modifications qui ont pu y surgir.

L'action des nerfs de la vie de relation étant similaire, nous nous bornerons à mettre en relief le rôle réservé à l'élément moteur. Déjà dans l'intimité des organes, la fibre contractile donne aux tissus le ton, l'orgasme, le *sufficiens robur*. Dans les centres nerveux, cet élément moteur, resté toujours le réactif de l'élément sensible quoique à l'état de combinaison nerveuse, est obligé de fournir sa quote-part à toute dépense faite, et pour subvenir à son rôle en arrive par emprunts successifs à s'adresser au muscle lui-même et à y mettre en jeu la fibre contractile dans la mesure voulue, cela toutefois grâce à une éducation longtemps perfectionnée.

Ajouter en terminant que tous ces influx nerveux obéissent à un mouvement ascensionnel et tendent à une destination variable suivant le type de l'individualité, c'est retomber dans la finale de notre premier paragraphe, c'est montrer que notre étude de détail n'est que la mise en application des grandes lois tout d'abord énoncées.

§ III.

Examen critique de l'interprétation jusqu'à ce jour acceptée

L'interprétation de l'action nerveuse, telle qu'elle a cours encore aujourd'hui, nous paraît avoir été rendue fautive par la préoccupation où l'on a toujours été de faire tout procéder des centres nerveux.

Les conséquences de cette préoccupation, on les retrouve, en effet, sur les trois terrains sympathique, de relation et aussi pathologique.

Trois examens successifs vont nous le démontrer :

1° « Lorsque sur un animal on coupe les filets du grand sympathique qui se rendent à une partie du corps, on détermine une paralysie des fibres musculaires des vaisseaux sanguins. De là une dilatation de ces vaisseaux, un plus grand afflux du sang et une élévation de température. »

« L'excitation de ces mêmes filets du sympathique au moyen des courants d'induction détermine une contraction spasmodique de ces fibres musculaires, par suite, un resserrement de ces vaisseaux dont les parois deviennent rigides, une diminution dans la quantité de sang qui arrive, la pâleur et le refroidissement des parties. »

Tel est le thème accepté sur le terrain de la vie organique ; thème composé d'un fait et d'un commentaire, fait ne pouvant être mis en doute, commentaire dicté par l'appréciation des rapports de cause à effet existant entre ces trois phénomènes, la section du filet du sympathique, un relâchement des fibres musculaires, une augmentation de calorique, et dont la détermination est évidemment due à l'idée qu'une paralysie résulte de la suppression d'une excitation venue des centres et courant à la périphérie.

Pareille explication est-elle sans conteste ? Anatomiquement le doute est bien permis. Nous l'avons déjà dit, d'après les histologistes les plus autorisés, beaucoup de vaisseaux, la plupart des capillaires, ne présentent pas de filets nerveux ; il paraît assez scabreux d'admettre l'action d'un élément anatomique là où il n'existe pas.

Au point de vue physiologique, même incertitude. Muscles et nerfs sont considérés comme ayant chacun leurs propriétés, l'une représentée par la contractilité, l'autre par la neurilité, autrement dit pouvoir de conduire. Ici le nerf étant coupé et ne conduisant rien du tout, on est amené à penser à des phénomènes passifs, à une espèce de reflux du sang des parties voisines, à quelque chose comme un état variqueux, et la surprise est grande de voir qu'il se produit là un dégagement plus considérable de calorique, un augment des premiers phénomènes caractéristiques de la nature animée et cela encore sur une très grande étendue. L'explication paraît d'autant moins plausible que, dans le cas d'embolie artérielle, c'est-à-dire dans des circonstances tout opposées, la température s'élève pareillement dans la partie qui se trouve ainsi réduite dans ses moyens d'irrigation.

Une interprétation qui veut qu'une paralysie soit suivie, pourrait-on dire, d'un excès d'action, étant au moins litigieuse, on est excusable de chercher à lui en substituer une autre; d'autant mieux que, pour ce faire, il suffit de transposer les rapports de cause à effet ci-dessus mentionnés et de les remplacer par ceux-ci : suppression de l'action nerveuse, augment par retour des phénomènes de calorification et sous l'influence de ces derniers relâchement de la fibre musculaire, ce qui ramène l'idée paralysie à la théorie de la transformation des forces.

Les résultats suivants dus à l'action directe du calorique plaident dans ce sens.

Le professeur Schiff plonge un animal, auquel il a coupé d'un côté le grand sympathique cervical, dans une étuve de 30° à 40° et constate qu'au bout de quelque temps l'oreille du côté sain est plus chaude que celle du côté opéré.

Le professeur Brow-Séquard, en excitant thermiquement la peau du crâne, le péricrane, les méninges et surtout les circonvolutions et d'autres parties du cerveau, obtient des effets pareils à ceux que provoque la section du sympathique cervical.

A la suite, comme effets de cause indirecte analogues à celui dû à la section du sympathique, rangeons les élévations de température constatées lors des désordres cérébraux, au début d'une hémiplégie par exemple, ainsi que cela ressort des recherches des docteurs Follet et Lépine.

Comme actions se passant à l'intérieur du corps et entraînant des conséquences pareilles, citons les altérations organiques résultant de la présence de la plupart des agents morbides dans une économie vivante, agents qui surexcitent le travail cellulaire, produisent un développement plus grand de chaleur, deviennent cause d'un trouble dans la manifestation des fonctions nerveuses et provoquent presque instantanément une grande impuissance musculaire.

Enfin, en manière de contre-épreuve, rappelons que certains médicaments, la digitaline entre autres, par une action directe sur la fibre contractile des vaisseaux, contrarient et souvent annullent les effets du calorique dans les expériences ci-dessus.

La première partie de l'expérience du professeur Claude Bernard, ainsi commentée, se montre favorable à l'idée que nous cherchons à faire prévaloir; la deuxième partie n'a rien qui la contrarie.

Au sujet des effets dus aux courants d'induction, on peut dire que rien ne prouve que l'électricité puisse être substituée à l'action naturelle des centres nerveux, ce qui devrait être en supposant l'excitation venant d'en haut; qu'au contraire on s'explique aisément, en dondonnant à l'influx nerveux une direction opposée, que l'extrémité périphérique des filets nerveux sectionnés, surexcitée par le courant électrique, devienne l'occasion d'une dépense exagérée, reconstitue la synergie d'action et appelle à elle les forces vives de la zône périphérique correspondante. Dans ce cas l'électricité aurait le rôle d'une forte surexcitation des centres nerveux.

Les faits afférents à la question traitée et se rapportant au département de la vie organique ainsi passés en revue, procédons à notre second examen.

2° Sur le terrain de la vie de relation, cette même préoccupation de donner pour origine aux nerfs le centre cérébro-spinal, a fait accepter l'existence d'un courant nerveux à direction centrifuge, celui des nerfs moteurs. Pareille direction est-elle fatale? Non-seulement nous ne le pensons pas, mais nous croyons pouvoir arriver à établir cette présomption qu'admettre pareille donnée c'est aller à l'encontre des phénomènes de la vie.

Ne voulant pas revenir sur un sujet déjà traité dans

notre premier travail, nous nous bornerons à indiquer les faits principaux relatifs à cette question.

Ainsi, comme irritabilité directe du muscle, nous reproduirons le passage suivant emprunté au professeur Hermann :

1° Des morceaux de muscles sans nerfs (par exemple les extrémités du sartorius ou couturier de la grenouille) peuvent être mis directement en activité. (Kuhne.) 2° Il y a des excitants pour les muscles et qui, d'un autre côté, n'ont aucune action semblable sur les nerfs. (Kurne.) 3° Certaines substances qui ont la propriété de rendre les nerfs incapables d'action, principalement la terminaison nerveuse intra-musculaire, ne font point disparaître l'irritabilité directe du muscle (empoisonnement par le curare). 4° Dans certaines circonstances (fatigue du muscle), une excitation locale ne produit qu'une contraction limitée qui n'a lieu qu'au point d'irritation, bien que les fibres nerveuses atteintes en ce point s'étendent bien davantage, (Schiff-Kurne). 5° Les organes et les organismes contractiles inférieurs dont la substance est analogue à la substance musculaire manquent complètement de nerfs. (Hermann, p. 147.)

Au sujet de son mode d'activité, nous rappellerons que cet auteur considère l'action musculaire comme un phénomène de scission.

La scission a lieu spontanément et lentement à l'état de repos. Elle peut être renforcée tout d'un coup par des excitants. Ce renforcement subit constitue l'essence même de l'état actif. (Hermann, p. 253.)

La direction d'un courant nerveux moteur centripète ressort des faits suivants :

1° Si un point quelconque d'un nerf est excité, les modifications qui accompagnent l'activité nerveuse (principalement la variation négative du courant) se montrent non-seulement sur un, mais sur les deux côtés du point en question. (**Dubois-Raymond.**) 2° Si l'on excite un rameau terminal d'une fibre motrice fendue, l'autre rameau transversal entre aussi en activité, pourvu que le tronc commun soit intact : le premier doit donc avoir conduit dans la direction centripète et non dans la direction centrifuge ordinaire. (**Kurne.**) 3° On n'a encore montré aucune différence entre les deux espèces de nerfs, ni anatomique, ni chimique, ni physiologique. (**Philipeaux** et **Vulpian.** — **Rosenthal.**)

Aussi du phénomène connu sous le nom d'avalanche ou de boule de neige :

L'expérience a démontré de la façon la plus nette que, dans le nerf moteur, l'excitation augmente d'intensité en se transmettant ; Plüger a constaté que l'amplitude du mouvement provoqué augmente à mesure qu'on porte l'excitation plus loin du muscle exploré sur le trajet du nerf qui l'anime. (Art. *Nerf.* Dr **Fr. Frank**, p. 189. — Dictre de **Déchambre.**)

Encore des deux constations suivantes dues au professeur C. Sachs :

« Chez les grenouilles, l'excitation du bout central du couturier qui ne contient pas de fibres allant ailleurs qu'au muscle couturier, produit des contractions réflexes, comme en produit l'excitation du bout central du sciatique dans lequel se trouvent des filets cutanés. »

« Chez une grenouille légèrement strychnisée, l'attouchement de la coupe du muscle couturier tenant encore à son nerf, au niveau du tiers moyen, provoque également des réflexes généralisés, comme en détermine l'attouchement d'un point de la peau. Pour s'assurer que les réflexes ainsi produits ne résultent pas d'un ébranlement communiqué aux parties voisines par l'attouchement, il suffit de sectionner le nerf du couturier en laissant le muscle en place, les réflexes ne sont plus produits par le contact du muscle. » (D[re] DE DÉCHAMBRE, *Sys. ner., physiol.*, p. 585.)

Disons-le enfin, pour clore cette revue, sur un animal expirant le principe incitateur du mouvement se retire petit à petit vers les muscles et définitivement s'y perd. (P. 32, loc. cit.)

S'initier à l'esprit des résultats ci-dessus, c'est reconnaître à l'action des nerfs moteurs une direction centripète, conclusion qui s'impose forcément, alors surtout qu'il ressort des recherches les plus récentes de la science histologique qu'il n'existe pas sur les faisceaux musculaires striés d'autres terminaisons nerveuses que celles des nerfs moteurs. (*Arch. phy.* 1879, p. 98.)

Des ramifications nerveuses se reporte-t-on sur les centres nerveux pour les soumettre à un mode de contrôle pareil, la même manière de voir y trouve une nouvelle consécration.

Un obstacle surgit dès l'axe médullaire. Le professeur Vulpian l'a démontré, au contact de la substance grise sensibilité et excito-motricité perdent de leur caractère. (P. 75, loc. cit.) Comment expliquer qu'une sensation qui n'est plus reparaisse plus loin pour par des filets moteurs se continuer jusque aux muscles et y mettre en jeu la contractilité de leurs fibres, alors surtout que l'on sait qu'une même impression peut être cause d'excitations musculaires bien différentes? La difficulté paraît grande.

Du reste, ce que les données scientifiques permettent

de vérifier, le bon sens seul l'indique. Il suffit de réfléchir à ce qu'est un jeu musculaire, aux nuances de contraction que cela exige, à la rapidité avec laquelle l'exécution s'effectue, à la sélection à distance qui s'impose à chaque filet nerveux, pour comprendre qu'admettre un courant moteur descendant implique l'intention de vouloir sortir du domaine du possible.

Au contraire, l'existence d'un double courant ascensionnel apportant aux centres nerveux les deux éléments sensitifs et moteurs, coordonnant d'après leur influence des groupes de cellules, les constituant à l'état d'instrument monté prêt à répéter le motif inscrit, non-seulement justifie le dire de Cl. Bernard, que sensibilité et motilité sont tellement connexes que l'une sans l'autre elles n'auraient pas de raison d'être, mais donne la raison plastique de ce fait que sans la coopération d'un appareil musculaire toute impression, qu'elle soit physique, qu'elle soit intellectuelle, ne saurait passer dans le monde réel.

Disons-le donc, sur le terrain de la vie de relation, précisément parce que les deux attributs, sentiment et mouvement, ont acquis des départements plus distincts, la présence de conducteurs destinés à opérer leur conjonction dans les centres nerveux devient fatale. Dans les deux variétés de nerfs la direction du courant est centripète. D'où cette conclusion : le muscle charge son nerf ; la contraction musculaire est le moyen de compenser une dépense faite. (Loc. cit., p. 31, lig. 23.)

Si, du reste, quelques doutes pouvaient encore exister, le rapprochement des deux résultats suivants empruntés à la pathologie, suffirait à les dissiper. Ils vont constituer notre troisième examen.

3° « La section de l'expansion pédonculaire entre le noyau caudé et le noyau lenticulaire produit constamment une hémiplégie du côté opposé, plus en arrière entre les couches optiques et le noyau lenticulaire, une hémi-anesthésie du côté opposé.

« Les animaux privés de toutes les parties qui sont en avant de la protubérance se tiennent dans une attitude normale. Si on les renverse sur le flanc ils se relèvent immédiatement et recommencent chaque fois. »

Mettre ces deux expériences en présence avec l'hypothèse d'un courant moteur descendant, chercher à se rendre compte des résultats obtenus, c'est se heurter à des impossibilités. Comment s'expliquer, en effet, qu'en sectionnant un point anatomique dans les centres nerveux, on paralyse au-dessous, et qu'en supprimant complètement ces centres, on ne paralyse plus rien du tout ?

Au contraire, la supposition d'une direction, la même, donnée aux courants sensitifs et moteurs rend tout facile.

La première expérience démontre, en effet, que les deux éléments sensibilité et mouvement se présentent dans l'encéphale avec des conditions analogues à celles qu'ils ont dans l'axe médullaire. Qu'un empêchement survienne et les supprime de destinées ultérieures, on les verra traduire leurs effets par une surexcitation plus grande des phénomènes de sensibilité et de motilité, aussi par un dégagement plus considérable de calorique.

La seconde expérience nous initie à l'entrée en scène des différents foyers d'activité nerveuse qui constituent les centres nerveux. Ces centres nerveux se surajoutent, se superposent de bas en haut; on comprend qu'ils puissent avoir une existence solidaire quoique jusqu'à un certain point indépendante. Qu'une mutilation crée un état de tension nerveuse artificiel, les foyers les plus élevés pourront être supprimés, alors que les inférieurs se continueront dans des fonctions déjà acquises.

Ici se termine notre examen critique.

Demandons maintenant à un tableau d'ensemble de justifier la perspective que nous venons d'émettre au sujet du système nerveux et de lui apporter une dernière sanction : les grandes coupures qu'il présente en ressortiront comme un corollaire naturel.

§ IV.

Considérations générales. — Grandes coupures du système nerveux.

Les considérations générales suivantes peuvent être apportées à l'actif de la thèse que nous soutenons.

Recherché dans l'échelle animale, le tissu nerveux est le dernier à apparaître, en tant qu'élément anatomique figuré. (P. 37 à 40, loc. cit.)

Dans les profondeurs d'un organisme il ne se produit que comme complément organique terminal. Dans le germe dentaire, « *les nerfs accompagnent les vaisseaux, mais se développent beaucoup plus tard.* » (Kollik., p. 431, 1re édition française.)

Existât-il, par avance, avec forme d'individualité anatomique, on ne lui connaîtra de travail utile que par l'intervention d'une excitation appropriée : *sens génésique.*

Ce n'est qu'au fur et mesure des besoins de la vie que s'effectue l'organisation des différents centres nerveux. (P. 66, loc. cit.)

Nous avons vu dans les paragraphes précédents que toute section d'un nerf était l'occasion comme d'un remous vers les régions périphériques ; nous en avons conclu à l'existence d'un influx nerveux se dirigeant de bas en haut dans l'axe spino-cérébral et de la périphérie vers les centres; cette manière de voir admise, cette prévision s'en suit que toute section pareille pratiquée sur l'axe myélencéphalique sera suivie de manifestations analogues. C'est en effet ce qui a lieu. Les résultats suivants sont là pour le prouver.

En coupant les nerfs sciatique et crural dans un des membres inférieurs, on obtient au bout de quelques mois une augmentation des os de la jambe et du pied du côté opéré; avec le nerf maxillaire inférieur d'un côté, même résultat. Et cependant, dans ce cas, le mouvement étant conservé, on ne saurait mettre en cause le repos forcé du membre privé de nerfs. (P. 34, loc. cit.)

Toute section complète de l'axe médullaire est suivie d'un accroissement de l'excito-motricité dans le segment ainsi séparé; toute section partielle en fait autant. (P. 68 et 69, loc. cit.)

S'adresse-t-on à tout un ensemble nerveux, le résultat est le même.

Le curare, en abolissant les réactions réflexes dans le

système musculaire de la vie de relation, donne plus d'énergie à celles qui se font dans le domaine du système musculaire de la vie organique. (P. 90 et 91, loc. cit.)

De même encore la suppression d'un sens spécial donne plus d'acuité aux autres.

Comme témoignant d'une origine périphérique pour l'influx nerveux, citons les deux résultats suivants :

Tout tronçon des faisceaux postérieurs de la moelle, isolé de son voisinage, reste très sensible, à la condition qu'il soit l'aboutissant au moins d'une paire nerveuse. (P. 69, loc. cit.)

Que l'on coupe un grand nombre de racines nerveuses à la région lombaire et dorsale et l'axe médullaire perdra et de sa sensibilité et de sa motricité. C'est ce qu'a fait le professeur Brow-Séquard qui a établi ainsi la contre-partie des faits précédents. (P. 70 et 71, loc. cit.)

Au point de vue de son développement dans la série animale, l'appareil nerveux se montre en harmonie avec l'élévation et le rang de l'économie vivante à laquelle il est adapté.

Dans l'espèce humaine sa configuration anatomique l'a fait comparer à un arbre. En effet, commençant par ce que l'on pourrait appeler un double chevelu, l'un en rapport avec les revêtements intérieurs du corps humain, l'autre en communication avec le monde extérieur, il vient se constituer en un axe croissant de bas en haut et se termine par une pomme.

Ce tableau, même rapproché de l'ensemble des faits qui précèdent et soumis à un esprit d'analyse, peut être donné comme le schema de l'œuvre que nous poursuivons. Qu'elle idée, en effet, doit-on se faire, d'après notre interprétation, d'une économie humaine? Celle d'un tout composé de deux parts : une première part, que nous avons appelée cellulaire, ayant comme fond une série d'appareils à texture spécialisée et comme revêtement une succession de zônes périphériques étagées suivant une échelle graduée; une deuxième part, dite nerveuse, constituée par une série de foyers nerveux subissant une gradation fatalement la même, car ils correspondent aux premiers groupes, s'harmonisent avec eux et en sont comme une représentation à l'intérieur.

Déjà nous avons vu que tout obstacle apporté aux moyens de communication existant entre ces deux parts devient l'occasion d'une sorte de *vis à tergo*, se heurtant à l'empêchement survenu et donnant comme réversion un accroissement de travail local, sa transformation en une autre force étant devenue impossible : ainsi, augment sur place des phénomènes de calorification par section des filets du sympathique, de même des phénomènes de sensibilité et de motilité par section des cordons sensibles et moteurs, etc.

Qu'à ces notions l'on ajoute que, dans l'arbre nerveux, tout tend vers le faîte, que l'action nerveuse va s'épurant à mesure que l'on gagne les sommets, et l'on arrive à cette conviction que ce système est le seul qui puisse fournir à l'indication caractéristique de toute individualité, c'est-à-dire à la possibilité de faire converger toutes les forces d'une économie dans un but spécialisé.

Demandons, du reste, à quelques détails de mieux préciser nos assertions.

Dans les autres systèmes organiques que trouvons-nous? Au point de vue anatomique, des appareils isolés en quelque sorte, comme décentralisés, ne se reliant à l'ensemble que par des moyens secondaires, le plus souvent par des canaux chargés de transmettre un produit, résultat d'une élaboration déjà faite, représentation partant d'une vitalité amoindrie. Leur travail, défini dès les premières heures, se continue toujours le même, une vie durant.

Le système nerveux, lui, est à l'opposé. Ses moyens anatomiques, à peu près partout les mêmes, sont toutefois aménagés d'une façon telle qu'une progression croissante est saisissable de la base de l'arbre vers le faîte.

Loin que son action soit déterminée et fixe dès les premiers moments, son pouvoir s'accroît tous les jours par un exercice régulier. Son *substratum*, obligé de s'associer à l'œuvre, demande à un surcroît de matériaux les moyens de suffire à une tâche rendue chaque jour plus complexe. Cette addition matérielle se produit surtout dans les circonvolutions cérébrales ; aussi tout porte-t-il à croire que ce travail organique s'effectue sur ce point en vertu d'un courant qui trouve là sa dernière expansion. Il n'est pas jusqu'au mode d'irrigation sanguine qui ne l'indique ; celui-ci, presque en entier périphérique, aménage et entretient autour du laboratoire une atmosphère de chaleur.

On le voit, ensemble et détails concordent. Du reste, restât-il quelque incertitude, les grandes coupures de l'appareil nerveux, l'enchaînement qui les relie, l'ordre hiérarchique qui les catégorise, vont venir les dissiper.

Coupures du système nerveux. — Le système nerveux présente à considérer trois départements bien distincts, celui de la vie organique qui est préposé aux actions du dedans, celui de la vie de relation qui a charge des impressions du dehors, le domaine de l'intelligence où se groupent tous ces apports et d'où émanent les actes de direction générale qui caractérisent une individualité.

Le premier département comprend le grand sympathique et le pneumo-gastrique.

Le grand sympathique est tout entier ganglionnaire. Par régime ganglionnaire on doit entendre une succession de filets et de ganglions nerveux ayant pour point de départ les laboratoires qui s'utilisent à la formation et à la distribution du plasma, et pour point d'arrivée l'axe médullaire.

Le pneumo-gastrique, ensemble nerveux surajouté en raison de l'élévation de la fonction d'oxygénation, intervient comme auxiliaire. Il va rejoindre par ses nerfs jusques dans la moelle allongée et forme la clef de voûte de tout le système sympathique.

Ces dispositions organiques connues, l'action se devine, nous l'avons déjà fait entrevoir.

L'extrémité périphérique des nerfs, s'ébranlant au contact des laboratoires de la vie organique, transmet ses impressions à la série des ganglions nerveux et, par eux, à la moelle épinière. Les points de conjonction s'échelonnant et se superposant dans toute la hauteur de l'axe et, par le pneumo-gastrique, jusques dans la moelle allongée, il en résulte une colonne axillaire centrale qui se trouve ainsi initiée aux effets résultant de l'oxygénation, partant à l'état des échanges organiques, colonne qui, par suite, a la mesure des fluctuations survenues dans les différents travaux dévolus au feuillet muqueux. Son rôle vis-à-vis de l'individualité qu'elle dessert peut être dit : inconscience à l'état normal, ou du moins *habitus* ne se traduisant que par un sentiment de bien-être, malaise vague sans détermination bien accusée en cas de troubles légers, annihilation des autres influences nerveuses par prépotence de la sienne lors de troubles graves survenus soit dans les phénomènes périphériques, soit dans ceux qui s'effectuent dans l'axe central.

Le même ordre de considérations, appliqué à cette part des nerfs de la vie de relation qui se rattache à l'axe médullaire, nous montre un aménagement analogue, mais un travail déjà plus complexe. Ce n'est d'abord qu'en vertu d'une abstraction de l'esprit qu'on arrive à isoler leur côté fonctionnel du *substratum* qui lui sert de base, celui-ci dépendant de la vie organique. Nous savons aussi déjà que l'extrémité périphérique de ces mêmes nerfs est le plus souvent coiffée d'un ensemble organique répondant à la première innervation et qu'ainsi se trouve préparée leur entrée en fonction. On ne sera donc pas surpris, cette corrélation intime connue, l'axe médullaire n'étant pas averti, d'avoir à se demander à quelle variété de nerfs viennent correspondre certaines turgescences papillaires, certaines contractions fibrillaires, phénomènes de début dans la vie.

Dans leur parcours vers les centres, cordons de la vie organique et cordons de la vie de relation marchent de conserve. C'est seulement à l'arrivée à l'axe médullaire que la séparation s'effectue; là, probablement en vertu de l'esprit de méthode qui préside à toutes les œuvres de la nature, un aménagement similaire de celui qui existe à la périphérie du corps se remarque. De même que le feuillet cutané englobe le feuillet muqueux, de même les stratifications résultant de la conjonction des nerfs sensitifs et moteurs dans l'axe circonscrivent la première colonne centrale, lui forment comme une écorce. Ainsi se trouvent mis en rapport les deux foyers nerveux, l'un battant sous l'impulsion de la vie organique, l'autre sous celle de la vie de relation, dans cette dernière, sensibilité et motilité ayant combiné leur action.

Cette double colonne nerveuse pourrait être dite le domaine de l'automatisme inconscient. Sur cet ensemble, en effet, se répercutent et restent en puissance tous les actes automatiques d'une économie vivante, ceux de la dépendance de la face exceptés. L'entrecroisement des pyramides serait même sa limite exacte dans les centres nerveux, si le pneumo-gastrique n'allait rejoindre dans la moelle allongée, empiétant sur le terrain de la sensibilité spéciale et établissant la transition. (P. 85, loc. cit.)

Remarquons-le encore, les rapports ci-dessus expliquent suffisamment l'assujettissement de la vie de relation à celle du grand sympathique, assujettissement dont on aura une idée en pensant à la dépendance des deux revêtements pectoral et abdominal vis-à-vis des mouvements respiratoires, vis-à-vis des efforts d'expulsion.

Le même système nerveux de la vie de relation dans

son second rôle, alors qu'il s'utilise à la sensibilité spéciale, représente un degré de perfectionnement de plus dans l'échelle de l'organisation. Aussi la division du travail physiologique y est-elle mieux accentuée, les cordons nerveux émergeant des appareils des sens mieux déterminés, ceux qui naissent de leurs dépendances plus libres et plus isolés. Il est probable que leur conjontion dans les centres est l'analogue de celles que nous venons de dire, mais la science est loin d'être faite sur ce point.

Arrivé au domaine de l'intelligence, nous nous bornerons à ajouter que déterminer comment du concours de tous ces apports résulte son fonctionnement est un problème dont la solution se fera probablement attendre longtemps encore. Des données toutefois faciles à constater sont qu'un ordre hiérarchique s'impose à ses actes, qu'une harmonie dans l'ensemble des courants qui y fournissent est nécessaire, car le moindre trouble suvenu dans n'importe quel affluent devient l'occasion d'un trouble dans ses manifestations.

Nous venons de soumettre à l'interprétation que nous cherchons à faire prévaloir les grandes circonscriptions du système nerveux. Les appareils, suivis et dans leur portion périphérique et dans leur portion centrale, nous ont amené à ceci : que la vie organique forme une première assise, que la vie de relation se greffe dessus, que l'intelligence arrive comme courronnement donnant une direction à l'ensemble. Ce résultat, comme on le voit, est en complet accord avec les acquisitions actuelles de la science. Notre manière de voir n'est donc pas une nouveauté, mais plutôt une rectification de traditions encore maintenues. Voyons, pour finir, si l'exposé de quelques évolutions pathologiques viendra lui apportter une consécration de plus.

§ V.

Point de vue pathologique.

L'existence de toute individualité se joue dans un cadre restreint, aux dépens d'un approvisionnement à peu près fixe ; une dépense exagérée sur un point ne peut donc s'effectuer et surtout se continuer qu'au détriment des autres.

La maladie n'étant qu'une autre face de la vie, les modes morbides seront toujours similaires de ceux de la vie normale.

De ces deux propositions, la première établit la solidarité comme s'imposant à tous les actes d'un organisme; la seconde nous montre dans toute évolution pathologique la nature détournée de son but, mais ne l'étant pas assez toutefois pour que l'état physiologique n'apparaisse comme fond de tableau. Ayons-les pour points de repère, et par elles il deviendra facile de se rendre compte d'une filiation morbide, alors même que dans la série des phénomènes des lacunes existent.

Quelques échappées de vue, empruntées aux différents troubles de la vie, vont nous venir en preuve.

Comme désordre s'adressant à cet ensemble organique qui crée la propriété de tissu, qui existe sans nerfs anatomiquement reconnus, prenons la faim. Son apparition se traduira par une sensation vague, sans localisation aucune ; s'accuse-t-elle davantage, le nerf sympathique en subira le contre-coup ; vient-elle à n'être pas satisfaite, l'émotion dont elle sera cause gagnera jusque aux sommets de l'arbre nerveux, y mettra en jeu l'hallucination, le délire.

L'oxygénation présidant aux échanges organiques rentrera à peu près dans le même cadre. Ses troubles venant retentir dans toute la hauteur de l'axe spino-cérébral, on comprend qu'ils soient suivis de résultats analogues et même plus vifs.

Une modification de texture, au contraire, pourra rester longtemps inapperçue. Souvent même un désordre considérable sera sans action sur le fonctionnement des centres nerveux. Pareillement une hypersécrétion n'interviendra que comme dépense exagérée prélevant une trop large part sur le fonds commun.

Tout élément morbigène, comparable à une tache d'huile, s'étendra et, suivant la région contaminée, sera cause de réactions variables, en raison des appareils nerveux qu'elle mettra en jeu. La viciation du sang, entraînant des troubles de la circulation, occasionnera aussi des variations dans l'intonation nerveuse, s'il est permis de s'exprimer ainsi : agitation, malaise, délire.

Comme preuve de la solidarité de la sensibilité et du mouvement, nous dirons qu'il n'existe pas de troubles de la motilité sans que la sensibilité n'en subisse quelque atteinte.

Veut-on maintenant un exemple des nuances de réaction qui résultent des tissus eux-mêmes et qui sont dues à l'ordre hiérarchique existant dans un organisme, que l'on prenne la région de la face. Celle-ci accuse un degré de vitalité supérieur à celui du restant du tégument externe par le pouvoir qu'elle a de donner naissance à une innervation spéciale; or, il suffit de se remémorer le cadre pathologique pour constater qu'elle paie ce privilége par une prédisposition plus grande à bien des affections morbides.

Nous arrêterons ici un exposé suffisant pour que l'on puisse juger des facilités que crée, au point de vue de la notion des troubles morbides, la donnée que nous soutenons.

RÉSUMÉ.

Revenant sur l'ensemble de ce travail, le résumant, nous dirons :

Le système nerveux est un appareil de centralisation qui, par ses extrémités périphériques, réagit sous l'influence et des actions de la vie organique et des impressions du dehors, qui par ses centres coordonne, combine et maintient en puissance le résultat de la plupart de ces émotions pour fonder et constituer ce qui carac- une individualité.

Dans cette œuvre de centralisation, les deux attributs connus sous le nom de sensibilité et de motilité ne sauraient avoir une existence séparée. Dès leur entrée en scène leur action se confond ; il en est probablement de même alors que cette action a acquis son maximum de puissance ; toujours est-il qu'alors même que les appareils générateurs de ces deux éléments sont distincts, leur concours reste indispensable pour pouvoir fournir un travail utile ; influx nerveux moteur, influx nerveux sensitif arrivent par leurs cordons respectifs, opèrent leur jonction dans l'axe spino-cérébral et s'y constituent à l'état d'instrument monté.

Les organes de la vie nutritive, les zônes cellulaires périphériques qui les circonscrivent à l'extérieur, les organes des sens qui se superposent, se disposent de bas en haut d'une économie vivante, suivant une échelle graduée. Les centres nerveux qui leur correspondent obéissent à la même loi, en sont la contre-partie, se montrent dans leur aménagement similaires des premiers groupes, que l'on considère ceux-ci soit de la base de l'arbre nerveux vers son sommet, soit du centre à la périphérie.

Les circonvolutions cérébrales sont au faîte de l'édifice ; elles président à la direction générale, dépensent dans ce sens les approvisionnements venus de la vie plastique, utilisent à ce labeur les apports des différents foyers de la vie de relation, cela suivant l'ordre des faits auxquels ils sont afférents. L'incito-motricité, point de départ, est due à la nature ; l'éducation la rectifie, l'hérédité la perfectionne.

Telle est en abrégé l'interprétation que nous soutenons et qui nous paraît présenter cet avantage de s'harmoniser avec la manière d'être du monde animé de l'ordre le plus élevé, animation qui fait de chaque moment de la vie une résultante qui varie et dont la formule peut-être dite : multiplicité de moyens, mutabilité d'influences, unité du but.

AURILLAC, IMP. H. GENTET, RUE MARCHANDE.

www.ingramcontent.com/pod-product-compliance
Ingram Content Group UK Ltd.
Pitfield, Milton Keynes, MK11 3LW, UK
UKHW020453230726
13925UKWH00005B/1907

9 782014 041859